Prasanth S.
Yokesvaran K.
Surenderpaul A.

Conceção e análise optimizadas de um UAV anfíbio de asa voadora

Prasanth S.
Yokesvaran K.
Surenderpaul A.

Conceção e análise optimizadas de um UAV anfíbio de asa voadora

Optimizado para operações no ar e na água

ScienciaScripts

Imprint
Any brand names and product names mentioned in this book are subject to trademark, brand or patent protection and are trademarks or registered trademarks of their respective holders. The use of brand names, product names, common names, trade names, product descriptions etc. even without a particular marking in this work is in no way to be construed to mean that such names may be regarded as unrestricted in respect of trademark and brand protection legislation and could thus be used by anyone.

Cover image: www.ingimage.com

This book is a translation from the original published under ISBN 978-620-4-71915-3.

Publisher:
Sciencia Scripts
is a trademark of
Dodo Books Indian Ocean Ltd. and OmniScriptum S.R.L publishing group

120 High Road, East Finchley, London, N2 9ED, United Kingdom
Str. Armeneasca 28/1, office 1, Chisinau MD-2012, Republic of Moldova, Europe
Managing Directors: Ieva Konstantinova, Victoria Ursu
info@omniscriptum.com

Printed at: see last page
ISBN: 978-620-3-40344-2

BIBLIOGRAFIA

O Sr. S. Prasanth é Professor Assistente no Departamento de Engenharia Aeroespacial do Agni College of Technology, Chennai, Tamil Nadu, Índia. Com uma década de experiência de ensino, tem um Mestrado em Tecnologia Aeroespacial do Instituto de Tecnologia de Madras, Universidade de Anna, Chennai, concluído em 2015. As suas áreas de interesse incluem Propulsão e Aerodinâmica, com especialização em Tecnologia de Veículos de Lançamento, Dinâmica de Voo, Dinâmica de Veículos Espaciais, Aerodinâmica e Mecânica de Fluidos. Atualmente, está a desenvolver investigação no domínio dos jactos de alta velocidade.

K. Yokesvaran é professor assistente no Departamento de Engenharia Aeroespacial do Agni College of Technology, Chennai, Tamil Nadu, Índia. Com 11 anos de experiência de ensino, obteve o seu Mestrado em Engenharia Aeronáutica pela Universidade de Hindustan, Chennai, em 2014. As suas áreas de interesse incluem Materiais Compósitos, com especialização em Estruturas de Aeronaves, Vibração e Aeroelasticidade, e Análise de Elementos Finitos. Atualmente desenvolve investigação nas áreas de Caracterização de Materiais e Metalurgia.

O Sr. A. Surenderpaul é Professor Assistente no Departamento de Engenharia Aeronáutica da Faculdade de Engenharia Tagore, Chennai, Tamil Nadu, Índia. Com 11 anos de experiência de ensino, obteve o seu Mestrado em Engenharia Aeronáutica na Universidade de Hindustan, Chennai, em 2014. As suas áreas de interesse incluem Materiais Compósitos, com especialização em Materiais Aeroespaciais, Vibração e Aeroelasticidade, e Análise de Elementos Finitos. Atualmente, desenvolve investigação nos domínios dos Compósitos Naturais e da Metalurgia.

Índice

RESUMO

A integração de veículos aéreos não tripulados (UAVs) em vários domínios revolucionou a forma como abordamos a engenharia, a exploração e a vigilância. Enquanto os drones tradicionais são concebidos para tarefas aéreas, o conceito de um drone anfíbio introduz o potencial para uma operação perfeita em ambientes aéreos e aquáticos. Este estudo explora a conceção e o desenvolvimento de um UAV anfíbio, centrando-se na criação de uma plataforma que combina a agilidade do voo multi-rotor com a capacidade de submergir e navegar na água. Esta abordagem híbrida abre novas possibilidades para aplicações em áreas como a resposta a emergências, investigação oceanográfica, operações militares e monitorização ambiental.

O principal objetivo deste estudo é conceber um drone anfíbio robusto e eficiente que possa executar tarefas em ambientes aéreos e aquáticos. O processo de desenvolvimento envolveu uma análise pormenorizada dos requisitos aerodinâmicos e estruturais para o funcionamento no ar e na água. Os principais factores considerados incluíram a capacidade de carga útil, os efeitos dinâmicos do voo e a interação de forças em ambos os ambientes. A conceção estrutural foi optimizada para assegurar a estabilidade durante o voo e a submersão, tendo em conta as diferentes cargas e tensões encontradas em cada modo de funcionamento.

Para atingir os objectivos de design desejados, a plataforma 3D EXPERIENCE foi utilizada para modelação e simulação. Foram analisadas várias estruturas de aerofólios, configurações de asas e sistemas de suporte para determinar o design ideal para o drone anfíbio. A análise incluiu avaliações de desempenho e testes de estabilidade para garantir que o drone pudesse suportar as exigências das condições do ar e da água.

O processo de conceção começou com o desenvolvimento de um modelo 3D, incorporando princípios aerodinâmicos para obter caraterísticas de voo eficientes. A estrutura da asa foi cuidadosamente concebida para proporcionar elevação e estabilidade no ar, enquanto o corpo do drone foi reforçado para suportar a pressão e o impacto durante a submersão. A transição entre os modos aéreo e aquático exigiu mecanismos inovadores para garantir uma mudança perfeita sem comprometer a integridade estrutural.

No processo de análise estrutural, foram identificadas e avaliadas as diferentes cargas que actuam sobre o UAV. As estruturas de suporte, particularmente nas asas, foram concebidas para suportar as tensões do voo a alta velocidade e as forças experimentadas durante a submersão propulsão na água. O resultado deste estudo é uma estrutura de design abrangente para um UAV anfíbio que integra as capacidades de um drone multi-rotor com um mecanismo de submersão.

O protótipo desenvolvido através desta investigação demonstra o potencial de uma plataforma UAV versátil com aplicações em vários domínios. Esta inovação pode transformar a forma como abordamos tarefas que requerem operações em vários ambientes, permitindo novas estratégias de exploração, vigilância e resposta a emergências.

As implicações deste trabalho estendem-se a uma vasta gama de indústrias, oferecendo uma solução flexível e adaptável a ambientes difíceis. A investigação futura centrar-se-á no aperfeiçoamento do protótipo, na melhoria dos mecanismos de transição e na expansão da gama de aplicações. Ao combinar os melhores atributos dos veículos aéreos e aquáticos, este UAV anfíbio representa um avanço significativo na tecnologia não tripulada.

CAPÍTULO 1. INTRODUÇÃO

1.1 INTRODUÇÃO

Nos últimos anos, a utilização de veículos aéreos não tripulados (UAV) tem aumentado, demonstrando o seu potencial em vários sectores, desde o reconhecimento militar até à entrega comercial. No entanto, os UAV tradicionais estão confinados a operações aéreas, o que limita a sua adaptabilidade e funcionalidade. Para fazer face a este constrangimento, surgiu o conceito de drones anfíbios, que promete uma operação sem descontinuidades em ambientes aéreos e aquáticos, expandindo assim a sua utilidade e abrindo novas vias de exploração e vigilância.

O principal objetivo desta investigação é desenvolver um UAV anfíbio eficiente, capaz de operar com proficiência nos domínios aéreo e aquático. Isto implica a criação de uma plataforma robusta que combine a agilidade de um drone multi-rotor com a capacidade de submergir e navegar debaixo de água. Esta dupla funcionalidade não só aumenta a versatilidade como também permite operações em ambientes difíceis inacessíveis aos UAV convencionais.

As considerações de projeto giram em torno da capacidade de carga útil, da estrutura aerodinâmica e da estrutura hidrodinâmica. O UAV deve transportar uma carga útil suficiente para as suas tarefas, optimizando simultaneamente a eficiência aerodinâmica para um voo estável e a integridade hidrodinâmica para a navegação subaquática. O processo de desenvolvimento utiliza a plataforma 3D EXPERIENCE para uma modelação e simulação meticulosas, permitindo uma análise detalhada de vários elementos e cenários de conceção.

A análise aerodinâmica centra-se na elevação, arrasto e estabilidade para determinar as configurações ideais para um voo eficiente. A análise hidrodinâmica garante a capacidade do UAV para operar debaixo de água, avaliando a flutuabilidade, a propulsão e a integridade estrutural. A análise estrutural, particularmente utilizando a análise de elementos finitos, identifica os pontos fracos e orienta as modificações do projeto para aumentar a durabilidade.

Os testes de protótipo validam os pressupostos do projeto e aperfeiçoam a plataforma para aplicações reais , abrangendo testes de voo, submersão e transição. O desenvolvimento bem sucedido de um UAV anfíbio tem um potencial imenso em diversos sectores, desde a resposta a emergências até à exploração científica e operações militares.

A investigação futura tem como objetivo aperfeiçoar o protótipo, melhorar os mecanismos de transição e expandir as aplicações, melhorando as capacidades furtivas, a resistência e o alcance. A procura incessante de inovação nos UAV anfíbios promete redefinir as operações em ambientes aéreos e aquáticos, impulsionando o progresso e desbloqueando novas fronteiras de exploração e vigilância

1.2 RESUMO

O desenvolvimento de um UAV anfíbio que combina o voo multi-rotor com capacidades de submergir representa um avanço significativo na tecnologia não tripulada. Esta abordagem híbrida abre novas possibilidades de exploração, vigilância e resposta a emergências em operações multiambientais. O processo de investigação e conceção, realizado com a plataforma 3D EXPERIENCE, permitiu uma análise exaustiva das caraterísticas aerodinâmicas e hidrodinâmicas do UAV. O protótipo resultante demonstra o potencial de uma plataforma UAV versátil com uma vasta gama de aplicações. Os trabalhos futuros centrar-se-ão no aperfeiçoamento do design e na expansão das capacidades do UAV para satisfazer as necessidades de várias indústrias e cenários de missão.

CAPÍTULO 2 . PESQUISA BIBLIOGRÁFICA

2.1 INTRODUÇÃO

Uma asa voadora anfíbia é uma aeronave concebida para uma dupla funcionalidade, capaz de operar tanto no ar como na água. Ao contrário das aeronaves convencionais, uma asa voadora não tem uma fuselagem e uma cauda distintas, o que pode resultar numa maior eficiência aerodinâmica. O aspeto anfíbio introduz complexidades de conceção adicionais, centrando-se na capacidade de descolar e aterrar em superfícies terrestres e aquáticas. Esta combinação única abre uma vasta gama de aplicações, desde a busca e salvamento até à aviação de recreio.

2.2 TRABALHO ANTERIOR

W.H WANG et al, da Universidade de Canterbury, desenvolveu um UUV de baixo custo para tarefas em águas pouco profundas, especificamente para inspecionar e limpar as caixas de mar dos navios para fins de biossegurança. Este protótipo, com um custo inferior a 10 000 dólares, apresenta um casco de PVC com dimensões de 400 mm de diâmetro e 800 mm de comprimento, equipado com sensores, propulsores e baterias. Os propulsores fornecem propulsão e direção, enquanto o sistema de controlo de profundidade utiliza propulsores para mergulho dinâmico. A eletrónica inclui sensores de pressão, temperatura, humidade e orientação, juntamente com uma webcam para feedback visual. A comunicação com um computador de controlo externo é conseguida através de um cabo ethernet umbilical. Esta conceção de UUV oferece uma solução económica para aplicações em águas pouco profundas, com potencial para mais investigação e desenvolvimento.

Parag Salunkhe et al, A construção de um drone ROV subaquático requer uma análise cuidadosa dos principais componentes: Estrutura: Utilizar materiais leves e de alta resistência, como fibras de carbono ou alumínio, para estabilidade e manobrabilidade. Sistema de flutuação: Otimizar o lastro e os dispositivos de flutuação para estabilidade e controlo a várias profundidades. Propulsores: Escolha propulsores eficientes para facilitar o movimento preciso e a navegação debaixo de água. Operação remota: Desenvolver um sistema de controlo remoto robusto para funcionamento num raio de 70-80 metros.

Rishabh Dagur et al, Neste estudo, foi explorado um UAV de asa voadora altamente portátil concebido para vigilância e reconhecimento. Foi estabelecido um espaço de conceção utilizando parâmetros como a velocidade de cruzeiro, a velocidade de perda e o rácio de aspeto. Descobriu-se que o aumento da resistência é crucial para uma utilização prática. Verificou-se que a configuração do winglet reduz o arrasto e aumenta o tempo de missão. O estudo centrou-se na conceção de winglets e na análise da vorticidade, comparando geometrias de asas voadoras com e sem winglets utilizando o código CFD. Os resultados mostraram que os winglets aumentam a sustentação e a eficiência da resistência, reduzindo o arrasto. A formação de vórtices na ponta da asa foi também analisada em cinco ângulos de ataque diferentes.

Richard Zimmerman et al, O planador subaquático Liberdade, desenvolvido conjuntamente pelo Marine Physical Laboratory do Scripps Institution of Oceanography e pelo Applied Physics Laboratory da Universidade de Washington, utiliza um design de asa voadora para eficiência hidrodinâmica. Esta conceção minimiza o consumo de energia durante o transporte horizontal, maximizando a persistência. O primeiro planador autónomo desta classe, denominado "XRay", foi instalado e operado com êxito na experiência Monterey Bay 2006. A comunicação, incluindo relatórios de estado em tempo real, foi efectuada através de modems acústicos subaquáticos e de um sistema de satélite Iridium. O planador dispunha de um conjunto de hidrofones para deteção, localizado ao longo da sua extremidade dianteira. As optimizações do comportamento de voo permitiram uma melhor deteção e localização, com rácios de elevação/deslocamento superiores a 10/1 durante o funcionamento. Este trabalho foi patrocinado pelo Office of Naval Research.

Ahmed A. Hamada et al, Este documento descreve o projeto, a construção e os ensaios de uma asa voadora como projeto de licenciatura para estudantes do Departamento de Engenharia Aeroespacial durante o ano letivo de 2015-2016. Abrange a metodologia, o processo de tomada de decisões, a conceção teórica baseada em teorias de conceção, a análise de desempenho e estabilidade, a simulação de movimentos, os ensaios em túnel de vento e os ensaios de voo reais. O objetivo é demonstrar o processo de conceção de uma asa voadora, desde a análise teórica até à validação experimental através de ensaios em túnel de vento e em voo.

Lin L. Kang et al, Este estudo analisa uma nova teoria da força aerodinâmica para escoamentos compressíveis com elevado número de Reynolds, centrando-se no conceito de força de vórtice. Propõe uma decomposição da força aerodinâmica em contribuições reversíveis e irreversíveis, afectando as componentes de sustentação e arrastamento. A análise investiga a ligação da teoria com os métodos tradicionais de decomposição do arrasto, a sensibilidade à escolha do domínio de integração, os limites do escoamento inviscid e os efeitos do número de Reynolds. A verificação é efectuada através do pós-processamento de soluções numéricas em torno de aerofólios e asas, realçando a sua aplicabilidade e precisão na análise aerodinâmica.

J. Katz et al., foi desenvolvida uma técnica numérica para investigar o desempenho de superfícies de elevação de automóveis na proximidade do solo. O modelo baseia-se no método da rede de vórtices e inclui elementos de esteira que se deformam livremente. O efeito de solo foi simulado por reflexão e foram consideradas pressões e cargas estáveis e não estáveis em várias formas planas de asa. Os resultados calculados são apresentados para asas com incidências positivas e negativas, com e sem efeito de solo. Também foi analisada a sustentação transitória de uma asa num movimento de mergulho na proximidade do solo e num ângulo de ataque negativo. Finalmente, foram calculadas as flutuações periódicas da sustentação da asa dianteira de um carro de corrida, devido às oscilações da suspensão, e verificou-se que excedem aproximadamente o dobro do valor em estado estacionário.

Blaine A. Levedahl et al, Neste artigo, é apresentada uma formulação geral do problema do controlo de veículos subaquáticos em escoamento totalmente instável. Em primeiro lugar, é desenvolvido um modelo de ordem reduzida do sistema de veículo fluido acoplado (CFV). A impossibilidade de observar o movimento do fluido motiva uma abordagem de controlo de compensação de fluido (FCC) que compensa as cargas hidrodinâmicas sintetizadas a partir de medições de superfície. O FCC é constituído por um seguidor, um regulador e um compensador de fluido. É fornecida uma condição que garante a estabilidade do veículo. O compromisso entre a regulação e a compensação de fluidos é também examinado. Um exemplo numérico de um veículo com forma elíptica ilustra os resultados.

2.3 RESUMO

A literatura sobre asas voadoras anfíbias explora vários temas críticos. A conceção aerodinâmica aborda o equilíbrio entre a sustentação, a resistência e a estabilidade, utilizando frequentemente superfícies de controlo avançadas devido à estrutura sem cauda. A conceção estrutural centra-se em materiais que são leves mas suficientemente fortes para suportar as tensões da descolagem e da aterragem na água. A hidrodinâmica é outra área fundamental, que trata da flutuabilidade e do desempenho da aeronave em ambientes aquáticos. Os sistemas de controlo e a aviónica são explorados para garantir a estabilidade e a segurança durante as operações anfíbias.

As asas voadoras anfíbias oferecem versatilidade e capacidades únicas, mas também enfrentam desafios como requisitos regulamentares, custos e complexidades técnicas. Apesar destes desafios, a investigação e o desenvolvimento em curso sugerem um futuro promissor para estas aeronaves inovadoras, com potenciais aplicações em serviços de emergência, monitorização ambiental e transporte pessoal.

CAPÍTULO 3. METODOLOGIA

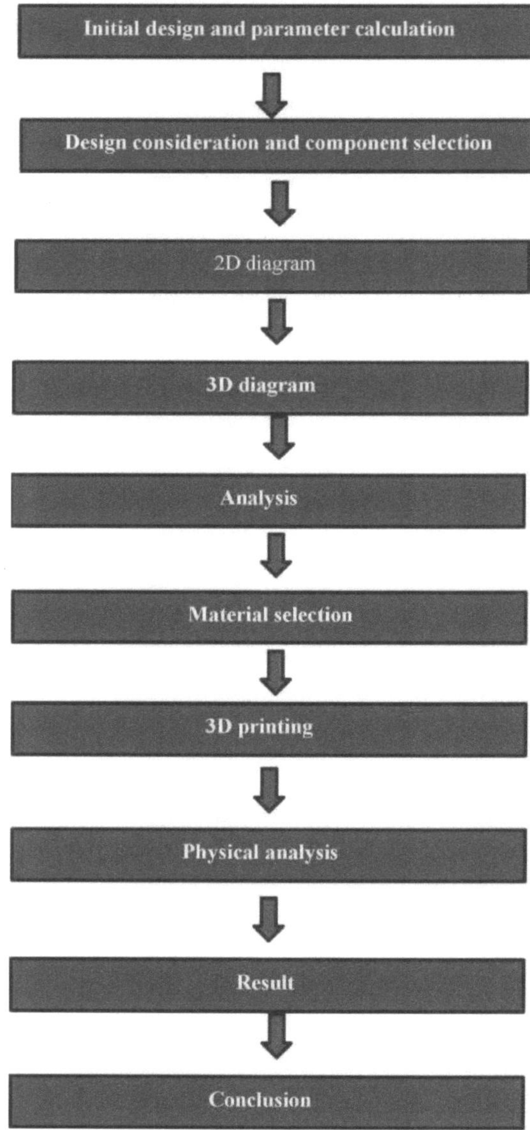

CAPÍTULO 4 . CONCEPÇÃO INICIAL E CÁLCULO DOS PARÂMETROS

4.1 INTRODUÇÃO

A conceção inicial e o cálculo dos parâmetros de uma asa voadora anfíbia implicam uma exploração pormenorizada dos principais conceitos de aerodinâmica, engenharia estrutural e hidrodinâmica. Uma asa voadora anfíbia é um tipo de aeronave que combina a eficiência de uma configuração de asa voadora com a versatilidade de operar em terra e na água. A sua conceção sem cauda oferece vantagens aerodinâmicas únicas, mas também coloca desafios distintos em termos de estabilidade e controlo. Esta fase do processo de conceção centra-se na definição de parâmetros essenciais que influenciarão o desempenho, a segurança e a versatilidade da aeronave.

4.2 CONCEPÇÃO INICIAL

Para determinar as dimensões da corda de raiz, corda de ponta e envergadura, escolhemos a abordagem de obter uma carga cúbica da asa especificada. A carga cúbica da asa é o rácio entre o peso total do avião e a área total da asa. Para as aplicações anfíbias, escolhemos uma carga de asa de 6 - 7,5 kg/m, ou seja, aproximadamente 6 WCL (carga cúbica da asa)

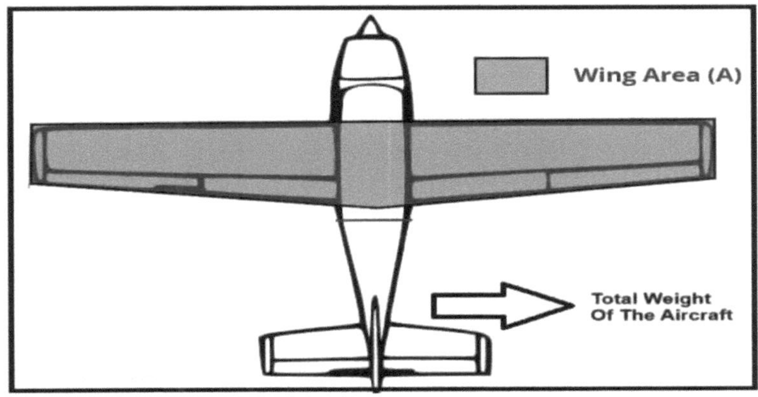

Fig 4.1. *Carga da asa*

$$W.L = \frac{Weight(kg)}{Area(m)}$$

$$W.C.L = \frac{Weight(kg)}{Area(m)^{1.5}}$$

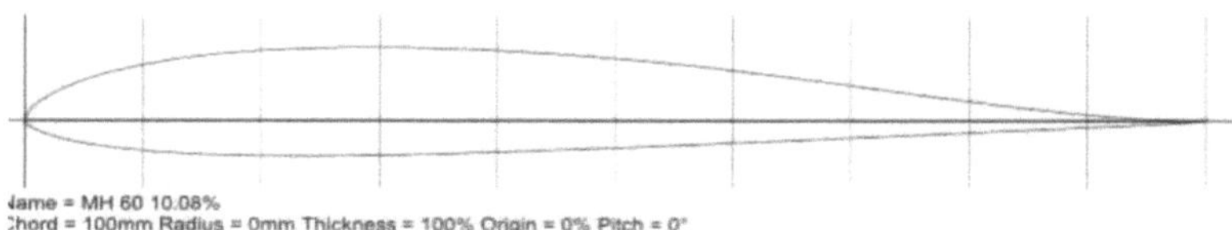

Fig 4.2. *Plotagem do aerofólio NACA MH 60 10.08%*

Foram analisadas várias iterações das dimensões do UAV até se obter a carga necessária na asa. Existem múltiplos parâmetros inter-relacionados que acabam por fornecer as dimensões finais em correlação com a carga do cubo da asa.

- O passo inicial consiste em confirmar as dimensões da corda de raiz do UAV em causa. No caso de um UAV de asa voadora, o comprimento da corda de raiz depende principalmente dos componentes que serão instalados no corpo do UAV. Estes componentes incluem, entre outros, a bateria, o ESC, a cablagem, o pixhawk, os pesos extra e a carga útil. Ora, num veículo aéreo, o equilíbrio dos pesos é crucial. Assim, o posicionamento dos componentes mencionados depende do CoG. O CoG determina a estabilidade estática e dinâmica de um avião. Inicialmente, os componentes são colocados de forma aleatória e é encontrado o comprimento aproximado da corda de raiz. O comprimento final está dentro do comprimento inicial, uma vez que depende das dimensões dos próprios componentes.

O segundo passo decide a envergadura da asa. A envergadura é vista como o comprimento total da asa medido de uma corda da ponta à outra. A decisão deste comprimento depende de um rácio de aspeto ou A.R ou da carga do cubo da asa. Dada a abordagem, escolhemos o comprimento da envergadura com base no WCL.

O passo seguinte é decidir um rácio de conicidade adequado que, consequentemente, dá o comprimento da corda da ponta. Este rácio é selecionado com base na função do UAV, no tipo de asa que utiliza, na sua gama operacional de número de Reynolds e na velocidade máxima que pode ser atingida. Assim, escolhemos um rácio de conicidade baixo, uma vez que determinámos que o VANT é do tipo planador, utilizando uma asa voadora, funcionando com um número de Reynolds baixo e com uma velocidade máxima atingível de 10 m/s. O rácio de conicidade é o rácio entre a corda da raiz e a corda da ponta da asa.

$$tper\ ratio = \frac{c_{tip}}{c_{root}}$$

A determinação de um ângulo de varrimento para a asa voadora é o passo seguinte à decisão de uma relação de conicidade adequada. Tal como a relação de conicidade, o ângulo de varrimento depende dos mesmos parâmetros.

Para uma asa voadora, o ângulo de varrimento actua como um ângulo diedro, cuja função é proporcionar estabilidade ao UAV. No entanto, um ângulo de varrimento excessivamente grande não é adequado para um UAV de baixa velocidade. Com base nestas limitações, foi escolhido um ângulo de varrimento baixo, entre 6 e 7,5 graus. O ângulo de varrimento é visto como o ângulo formado pelos bordos de ataque e de fuga da asa em relação à horizontal.

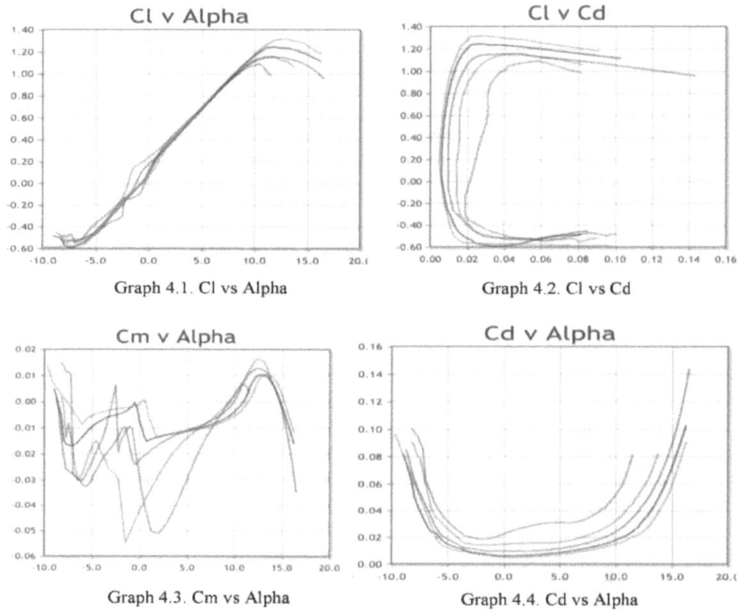

Graph 4.1. Cl vs Alpha

Graph 4.2. Cl vs Cd

Graph 4.3. Cm vs Alpha

Graph 4.4. Cd vs Alpha

4.3 RESUMO

Na fase inicial do projeto, os projectistas calculam e optimizam parâmetros críticos como a área da asa, a forma do aerofólio, a relação de aspeto e a geometria da superfície de controlo. Estes parâmetros são cruciais para garantir que a aeronave atinja as caraterísticas de elevação, resistência e estabilidade desejadas, tanto para operações no ar como na água. A análise estrutural envolve a escolha de materiais leves com alta resistência para suportar as tensões da descolagem e da aterragem, enquanto as considerações hidrodinâmicas incluem a conceção do casco, a flutuabilidade e a resistência à água.

O projeto inicial e os cálculos dos parâmetros estabelecem as bases para uma asa voadora anfíbia bem sucedida, centrando-se numa abordagem equilibrada da aerodinâmica, da integridade estrutural e da flexibilidade operacional. Continuam a existir desafios para garantir a conformidade com os regulamentos da aviação e conseguir uma produção económica, mas as potenciais aplicações das asas voadoras anfíbias sugerem um futuro promissor para este conceito de design inovador.

CAPÍTULO 5 . CONSIDERAÇÃO DA CONCEPÇÃO E SELECÇÃO DE COMPONENTES

5.1 INTRODUÇÃO

As considerações de design e a seleção de componentes para uma asa voadora anfíbia envolvem uma tomada de decisões complexa para satisfazer os requisitos únicos de uma aeronave capaz de realizar operações aéreas e aquáticas.

O projeto deve equilibrar a eficiência aerodinâmica com o desempenho hidrodinâmico, assegurando simultaneamente a estabilidade, o controlo e a durabilidade estrutural. A seleção de componentes torna-se crucial, uma vez que a escolha de materiais, aviónica, sistemas de propulsão e trem de aterragem tem um impacto direto na versatilidade e fiabilidade da aeronave.

5.2 SELECÇÃO DE COMPONENTES

5.2.1 MOTOR PARA PROPULSÃO:

A seleção do motor foi feita com base na relação entre o impulso e o peso necessários para impulsionar a asa. O rácio de impulso/peso pode ser calculado dividindo o impulso (em unidades SI - em newtons) pelo peso (em newtons) do motor ou do veículo e é uma quantidade sem dimensão.

A relação impulso/peso varia continuamente durante um voo. O impulso varia com a regulação do acelerador, a velocidade do ar, a altitude e a temperatura do ar. As aeronaves com uma relação de impulso/peso superior a 1:1 podem inclinar-se a direito e manter a velocidade do ar até o desempenho diminuir a maior altitude.

Com base nestas considerações, o motor T-motor AT2310 2200 kV Brushless DC Motor é escolhido numa configuração dupla. De acordo com as especificações, a hélice recomendada é a APC 6*4 (o diâmetro da hélice é de 6 polegadas e o seu passo é de 4 polegadas).

Fig 5.1. *representação visual do motor.*

(Motor DC sem escovas T-motor AT2310 2200kV)

Esta configuração daria um impulso de 1141 gramas de cada motor a 80% da aceleração. Como serão utilizados dois motores, o impulso resultante é de 2282 gramas. Como o peso total estimado da asa é de 1000 gramas, o rácio entre o impulso e o peso é de 2,282:1. Este rácio é aceitável para a travessia aérea e subaquática.

5.2.2 MOTORES SERVO:

Os servomotores são utilizados para o acionamento das superfícies de controlo e dos spoilerons da asa. As superfícies de controlo ou os ailerons são utilizados para manobrar a asa nos eixos de rotação e de inclinação. Os spoilerons são abas na asa que podem ser abertas para drenar a água do interior da asa quando o UAV sai da água para o ar. O servomotor deve ser capaz de atuar com boa capacidade de resposta no ar e deve ser capaz de superar a pressão da água quando está debaixo de água. O servo também deve ser completamente à prova de água. Tendo em conta estas considerações, foi escolhido o Hitec Multiplex HS-5646WP High Voltage, High Torque, Programmable Digital Waterproof Servo. São utilizados 4 destes servos para acionar os dois ailerons e os dois spoilerons.

A Fig. 5.2 *mostra o servo selecionado*

(Hitec Multiplex HS - 5646WP servo digital programável à prova de água de alta tensão e binário elevado).

servo digital à prova de água programável).

5.2.3 CONTROLADOR ELECTRÓNICO DE VELOCIDADE E BATERIA:

Com base na corrente consumida pelo motor, que é de cerca de 26 Amps por cada motor em média, é utilizado um ESC AT 40A por cada motor. Com base no ESC e nos motores utilizados, é utilizada uma bateria de polímero de lítio (LiPo) de 5200mAh 3S 40C/80C como fonte de alimentação. Esta configuração permite um tempo médio de voo de 13 minutos para este protótipo.

Fig. 5.3. *Regulador eletrónico de velocidade*

5.2.4 EMISSOR E RECEPTOR:

Para pilotar esta aeronave, é utilizada a Emissora mz-12 PRO de 12 canais 2.4GHz HoTT com Recetor Falcon 12.

A Fig. 5.4. *mostra o emissor e o recetor.*

O recetor liga todos os componentes electrónicos da aeronave e recebe o comando do transmissor. O transmissor é segurado e controlado pelo piloto. A figura 5 apresenta o diagrama de circuitos dos componentes electrónicos a bordo do avião. Os comandos do avião podem ser programados, afinados e misturados com o transmissor.

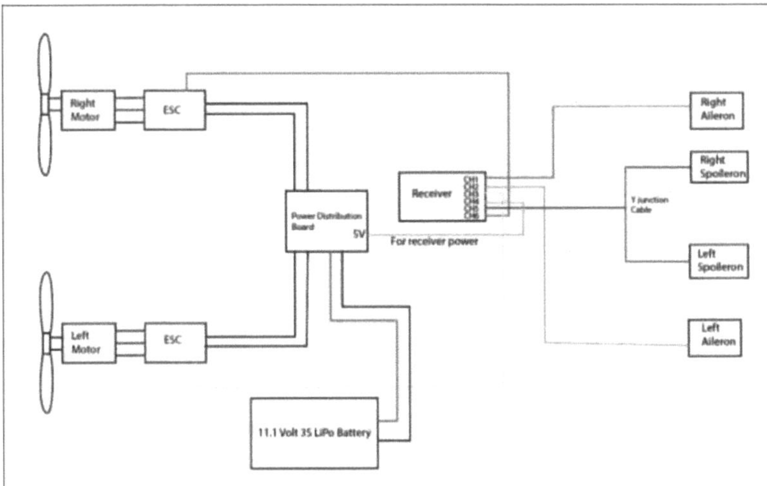

Fig 5.5 *Esquema do circuito*

O transmissor tem a caraterística de permitir o impulso diferencial. Com isto, a velocidade de cada motor pode ser controlada de forma independente, permitindo ao piloto controlar a aeronave até mesmo no eixo de guinada. Esta caraterística é especialmente útil para a travessia subaquática. No caso de ser necessário planear uma missão de voo autónomo, pode ser programada e ligada à aeronave uma placa controladora de voo como a Pixhawk. Isto permite-nos ativar funcionalidades de piloto automático, como fazer com que a aeronave siga um caminho predefinido. O Pixhawk tem um sensor de giroscópio e um módulo GPS a bordo. O piloto pode utilizar estas funcionalidades para um voo mais estável.

5.3 RESUMO

As considerações de design para uma asa voadora anfíbia giram em torno da otimização da geometria da asa, das superfícies de controlo e da distribuição do peso. A forma e o tamanho da asa devem proporcionar elevação suficiente, mantendo a estabilidade durante o voo e as manobras na água. As superfícies de controlo, incluindo os elevadores e os lemes, são selecionadas e configuradas para garantir uma manobrabilidade reactiva. A seleção de componentes centra-se na escolha de materiais que sejam leves mas suficientemente robustos para suportar as tensões das operações em terra e na água. Os materiais compostos são frequentemente preferidos devido à sua elevada relação resistência/peso. Os sistemas aviónicos são selecionados para garantir um controlo preciso e a segurança, com ênfase na navegação na água e na estabilidade em condições de turbulência. O sistema de propulsão deve ser potente mas compacto, permitindo uma descolagem eficaz tanto em terra como na água.

CAPÍTULO 6 . DIAGRAMA 2D

6.1 INTRODUÇÃO

Criar um diagrama 2D para o projeto e análise de uma asa voadora anfíbia é uma etapa essencial para visualizar a estrutura, o layout e os recursos críticos do projeto da aeronave. Este diagrama serve como uma planta que orienta o desenvolvimento da aeronave, desde os conceitos iniciais até a engenharia detalhada. Abrange a geometria geral, a colocação de componentes e as medições principais que informam as fases subsequentes de modelação 3D, análise estrutural e simulações aerodinâmicas.

6.2 O DIAGRAMA 2D REPRESENTA

O protótipo de asa voadora anfíbia representa um salto pioneiro na conceção de aeronaves, fundindo as funcionalidades de uma aeronave de asa fixa com a adaptabilidade de um veículo anfíbio. Este conceito inovador é caracterizado pelas suas dimensões únicas e considerações iniciais de design, com o objetivo de maximizar a eficiência aerodinâmica, a versatilidade operacional e o desempenho. Vamos aprofundar os pormenores das dimensões e da conceção inicial do protótipo de asa voadora anfíbia.

6.2.1 RESUMO DAS DIMENSÕES

1. Extensão da asa: A envergadura da asa do protótipo de asa voadora anfíbia é especificada em 25 cm, representando a extensão lateral entre as pontas das asas. Esta dimensão desempenha um papel fundamental na determinação das capacidades de geração de sustentação, estabilidade e manobrabilidade da aeronave durante as operações de voo.

2. Área da asa: Com uma área de asa de 87,5 cm^2, as asas do protótipo fornecem uma área de superfície suficiente para a produção de sustentação aerodinâmica. A área da asa influencia diretamente a relação sustentação/deslizamento da aeronave, as caraterísticas de voo e o envelope de desempenho global.

3. Comprimento: O comprimento do protótipo de asa voadora anfíbia foi concebido para ser de 6 cm, abrangendo a distância longitudinal do nariz à secção da cauda. Esta dimensão influencia o perfil aerodinâmico da aeronave, a distribuição do peso e os atributos de manuseamento durante as manobras de voo.

Fig. 6.1. *Diagrama de linhas (esboço)*

6.2.2 CONSIDERAÇÕES INICIAIS SOBRE O PROJECTO

1. Forma hidrodinâmica da fuselagem: A fase inicial do projeto centra-se no desenvolvimento de uma forma de fuselagem aerodinâmica e hidrodinâmica para o protótipo de asa voadora anfíbia. Este aspeto do projeto dá prioridade a um arrasto mínimo e a uma maior estabilidade durante as operações na água, incluindo aterragens e descolagens na água.

2. Configuração de asa de elevado rácio de aspeto: O protótipo da aeronave incorpora uma configuração de asa de elevado rácio de aspeto, com asas alongadas em relação à sua largura. Esta escolha de design destina-se a otimizar a produção de sustentação, melhorar a eficiência do combustível e melhorar o desempenho geral do voo, especialmente durante regimes de voo a baixa velocidade.

3. Utilização de materiais leves: A utilização de materiais leves avançados, tais como compósitos e ligas, é parte integrante do projeto inicial do protótipo da asa voadora anfíbia. Estes materiais oferecem rácios de resistência/peso superiores, contribuindo para uma maior integridade estrutural, manobrabilidade e capacidade de carga útil sem comprometer as restrições de peso global.

6.2.3 ITERAÇÕES E OPTIMIZAÇÃO DA CONCEPÇÃO

T processo de conceção do protótipo de asa voadora anfíbia envolve iterações e estratégias de otimização para aperfeiçoar o desempenho aerodinâmico, a integridade estrutural e as capacidades operacionais. A modelação computacional, os ensaios em túnel de vento e a análise estrutural são utilizados para validar os parâmetros de conceção, assegurando o cumprimento das normas de desempenho e segurança ideais.

6.2.4 PERSPECTIVAS DE DESENVOLVIMENTO FUTURO

medida que o protótipo progride e passa para as fases avançadas de desenvolvimento, as perspectivas futuras para a asa voadora anfíbia incluem:

Integração de sistemas avançados de aviónica e navegação para um melhor conhecimento da situação e controlo operacional.

Exploração de tecnologias de propulsão alternativas, como a propulsão eléctrica ou sistemas de energia híbridos, para melhorar a eficiência e a sustentabilidade ambiental.

Maior otimização das caraterísticas aerodinâmicas, incluindo a geometria da asa e as superfícies de controlo, para melhorar as caraterísticas de voo e a adaptabilidade à missão.

Em conclusão, as dimensões e as considerações iniciais de conceção delineadas para o protótipo de asa voadora anfíbia sublinham a sua abordagem inovadora à mobilidade aérea e à versatilidade operacional. Enquanto conceito pioneiro, o protótipo estabelece as bases para futuros avanços na conceção de aeronaves anfíbias, abrindo caminho a capacidades e aplicações melhoradas em vários sectores.

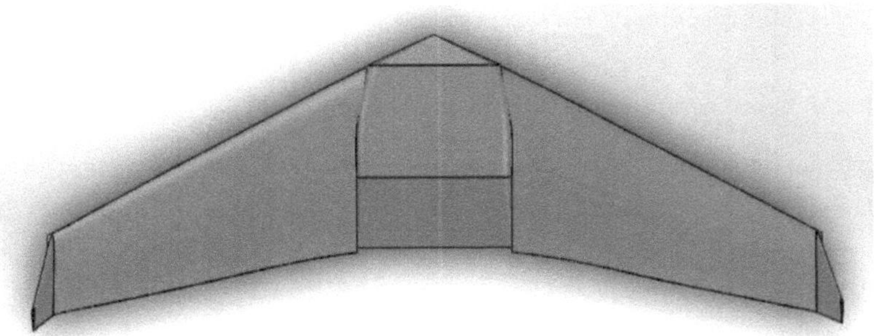

Fig. 6.2. *Vista superior do projeto da asa voadora*

Fig. 6.3. *Vista frontal da asa voadora*

Fig. 6.4. *Perfil lateral do projeto da asa voadora*

6.3 RESUMO

O diagrama 2D de uma asa voadora anfíbia inclui normalmente os seguintes elementos-chave: Forma e geometria da asa: Uma representação da forma plana da asa, mostrando o contorno, a relação de aspeto e o ângulo de varrimento. Esta secção determina as caraterísticas aerodinâmicas e a eficiência da aeronave.

Superfícies de controlo: Uma disposição dos elevons, lemes e outros elementos de controlo. Esta parte é crucial para a estabilidade e manobrabilidade, indicando a posição e a amplitude de movimento destes componentes. Desenho do casco: Para capacidades anfíbias, o diagrama inclui a forma e a configuração do casco, indicando como se integra na estrutura da asa. A conceção do casco é essencial para as descolagens e aterragens na água, a flutuabilidade e a hidrodinâmica.

CAPÍTULO 7 . DIAGRAMA 3D

7.1 INTRODUÇÃO

Um diagrama 3D é uma ferramenta essencial na conceção e análise de uma asa voadora anfíbia, fornecendo uma visualização abrangente da estrutura, aerodinâmica e componentes mecânicos da aeronave. Ao contrário dos diagramas 2D, um modelo 3D permite uma análise detalhada das relações espaciais, configurações geométricas e interações complexas entre vários elementos. Esta perspetiva holística é crucial para aperfeiçoar as escolhas de design, identificar potenciais problemas e efetuar análises avançadas, como a dinâmica de fluidos computacional (CFD) e a análise de elementos finitos (FEA).

7.2 REPRESENTAÇÃO DE DIAGRAMA 3D

A criação de um modelo 3D detalhado e exato para o protótipo de asa voadora anfíbia utilizando um software avançado como o 3D Experience é um passo fundamental no seu percurso de conceção e desenvolvimento. Segue-se uma análise exaustiva do conteúdo que abrange o processo de desenvolvimento do modelo 3D utilizando o software 3D Experience:

7.2.1 PROCESSO DE CONCEPÇÃO DIGITAL:

T desenvolvimento do modelo 3D começa com o processo de conceção digital no âmbito do software 3D Experience. Isto implica a utilização de poderosas ferramentas CAD (Computer-Aided Design) para criar meticulosamente uma representação virtual da asa voadora anfíbia. Os engenheiros e projectistas introduzem dimensões precisas, elementos estruturais, caraterísticas aerodinâmicas e integrações de componentes no software para criar um projeto digital completo.

7.2.2 ANÁLISE E OPTIMIZAÇÃO AERODINÂMICA:

O software 3D Experience facilita a análise aerodinâmica sofisticada e as capacidades de otimização. Através de simulações CFD (Computational Fluid Dynamics), o software avalia a dinâmica do fluxo de ar, a geração de sustentação, as forças de resistência e o desempenho aerodinâmico global. As iterações de design são feitas com base nos resultados da simulação para otimizar as formas das asas, os contornos da fuselagem e as configurações da superfície de controlo para uma maior eficiência aerodinâmica e estabilidade durante o voo.

7.2.3. AVALIAÇÃO DA INTEGRIDADE ESTRUTURAL:

O modelo 3D é submetido a uma avaliação rigorosa da integridade estrutural utilizando as ferramentas FEA (Análise de Elementos Finitos) do software 3D Experience. Esta análise avalia a distribuição de tensões, as cargas estruturais, a resistência dos materiais e a deformação em várias condições de funcionamento. Os engenheiros podem identificar áreas de potencial fraqueza, otimizar a seleção de materiais e garantir que a estrutura da aeronave cumpre as rigorosas normas de segurança e desempenho.

Fig. 7.1. *Vista isométrica*

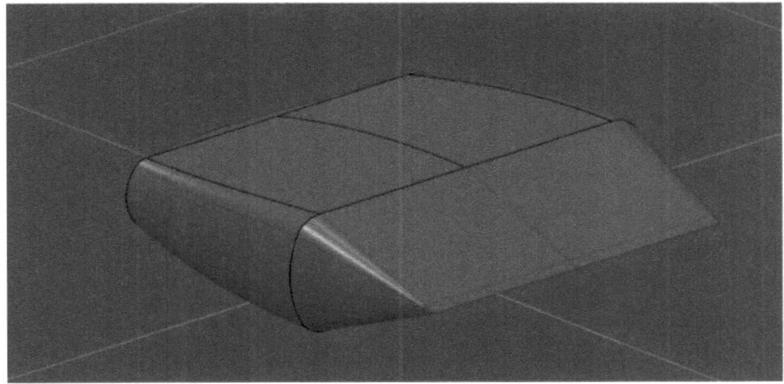

Fig 7.2 . *corpo central*

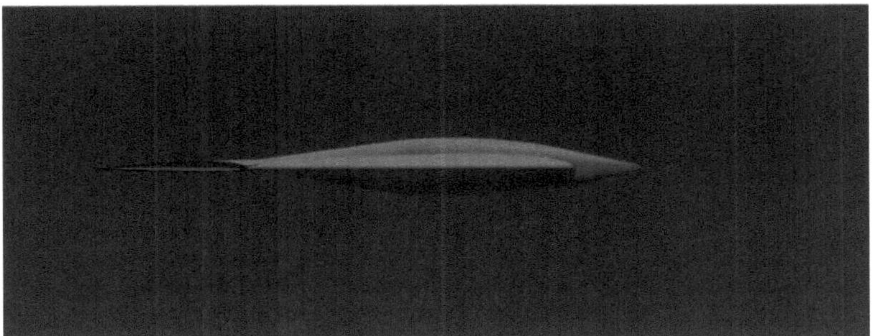

Fig. 7.3. *Vista lateral*

7.3 RESUMO

O resumo do papel do diagrama 3D na conceção e análise de uma asa voadora anfíbia realça o seu valor na validação dos conceitos de conceção e na orientação das decisões de engenharia. Esta visualização detalhada ajuda a reduzir os erros de conceção, facilitando a comunicação entre as partes interessadas e melhorando a eficiência global do processo de desenvolvimento. Desempenha um papel fundamental na transição do conceito para o protótipo, permitindo uma análise abrangente e o aperfeiçoamento do projeto da asa voadora anfíbia.

CAPÍTULO 8 . ANÁLISE

8.1 INTRODUÇÃO

A análise desempenha um papel fundamental na conceção e desenvolvimento de uma asa voadora anfíbia. Engloba uma vasta gama de métodos computacionais e experimentais para avaliar o desempenho aerodinâmico, a integridade estrutural, a estabilidade, o controlo e a hidrodinâmica da aeronave. Estas análises são cruciais para validar os conceitos de conceção, identificar potenciais problemas e garantir a segurança e a fiabilidade da aeronave. O objetivo é otimizar a conceção para operações aéreas e aquáticas, abordando os desafios únicos colocados por uma configuração anfíbia.

8.2 ANÁLISE

A análise na conceção de aeronaves utiliza simulações e avaliações para aperfeiçoar componentes, garantindo um desempenho e segurança óptimos. Este processo crítico orienta a tomada de decisões, valida os projectos e melhora a funcionalidade da aeronave.

8.2.1 ANÁLISE 3D DO FLUXO AERODINÂMICO

Na sequência da análise rigorosa realizada com o software 3D Experience, foram obtidos conhecimentos e resultados abrangentes que contribuem significativamente para o aperfeiçoamento e a otimização do protótipo da asa voadora anfíbia. A análise abrange vários aspectos, como a aerodinâmica, a integridade estrutural, o desempenho dos materiais, a integração do sistema e os testes funcionais. Apresentamos de seguida os principais resultados da análise e conteúdos adicionais baseados nas conclusões:

1. Análise aerodinâmica:

A análise aerodinâmica efectuada com o software 3D Experience revelou informações cruciais sobre os padrões do fluxo de ar, a geração de sustentação, as forças de resistência e a eficiência aerodinâmica global do protótipo de asa voadora anfíbia. Otimização da forma da asa e da relação de aspeto para melhorar a relação sustentação-arrasto e o desempenho aerodinâmico. Identificação dos pontos de separação do fluxo de ar e das zonas de turbulência, conduzindo a aperfeiçoamentos de conceção para melhorar a estabilidade e o controlo durante as manobras de voo. Avaliação da eficácia da superfície de controlo, incluindo ailerons, elevadores e lemes, para um controlo preciso da aeronave e manobrabilidade.

2. Conclusões da avaliação da integridade estrutural:

A avaliação da integridade estrutural efectuada através da FEA (Análise de Elementos Finitos) no âmbito do software 3D Experience produziu resultados críticos relativamente à resistência estrutural da aeronave, à distribuição das tensões e ao desempenho dos materiais. Validação da capacidade dos componentes estruturais para suportar cargas aerodinâmicas, forças gravitacionais e tensões operacionais sem exceder as margens de segurança. Otimização das selecções de materiais e dos perfis de espessura para atingir rácios óptimos de peso/resistência e resiliência estrutural. Identificação de potenciais áreas de concentração de tensões, conduzindo a reforços localizados e a melhorias de conceção para uma maior durabilidade e fiabilidade.

3. Avaliação do desempenho dos materiais:

O software 3D Experience facilitou a avaliação pormenorizada do desempenho dos materiais, incluindo materiais leves avançados, tais como compósitos, ligas e polímeros. Avaliação das propriedades dos materiais, como a resistência à tração, o módulo de flexão, a resistência à fadiga e a condutividade térmica, para garantir a adequação às aplicações aeroespaciais. Otimização de combinações de materiais para componentes específicos, equilibrando a integridade estrutural, a redução do peso e a viabilidade de fabrico. Avaliação do comportamento dos materiais em condições ambientais variáveis, incluindo temperaturas extremas, humidade e exposição a elementos corrosivos.

4. Resultados dos testes de integração e funcionais do sistema:

A integração do sistema e os testes funcionais no âmbito do software 3D Experience forneceram informações valiosas sobre a integração, a funcionalidade e o desempenho dos sistemas e componentes a bordo. Validação de sistemas aviónicos, instrumentos de navegação, equipamento de comunicação e conjuntos de sensores para uma integração perfeita e prontidão operacional. Verificação da eficiência do sistema de propulsão, da relação empuxo/peso e da gestão de energia para otimizar o desempenho e a economia de combustível. Simulação de cenários específicos da missão, procedimentos de emergência e desafios operacionais para avaliar a fiabilidade do sistema, a capacidade de resposta e a adaptabilidade da missão.

5. Refinamento iterativo e recomendações de otimização:

Com base nos resultados da análise e nos conhecimentos obtidos com o software 3D Experience, foram identificadas várias recomendações iterativas de aperfeiçoamento e otimização para melhorar ainda mais o protótipo da asa voadora anfíbia: afinar os perfis aerodinâmicos, as geometrias da asa e as configurações da superfície de controlo para maximizar a geração de sustentação, reduzir a resistência e melhorar as caraterísticas de voo.Implementação de reforços estruturais, melhoramentos de materiais e estratégias de redução de peso para otimizar o desempenho global, a durabilidade e as margens de segurança.

Em conclusão, os resultados da análise derivados do software 3D Experience fornecem informações valiosas baseadas em dados, recomendações e estratégias de otimização para melhorar o design, o desempenho e as capacidades operacionais do protótipo de asa voadora anfíbia. Estas conclusões servem de base para o refinamento iterativo, a melhoria contínua e a eventual realização de um projeto de aeronave altamente eficiente e funcional.

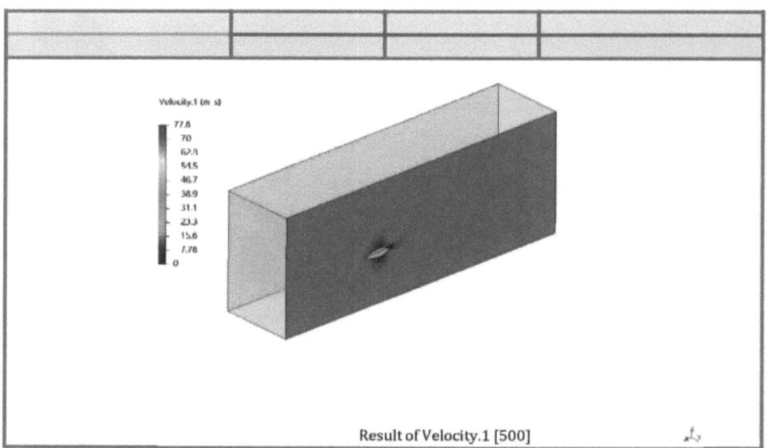

Fig. 8.1. *Análise da velocidade*

32

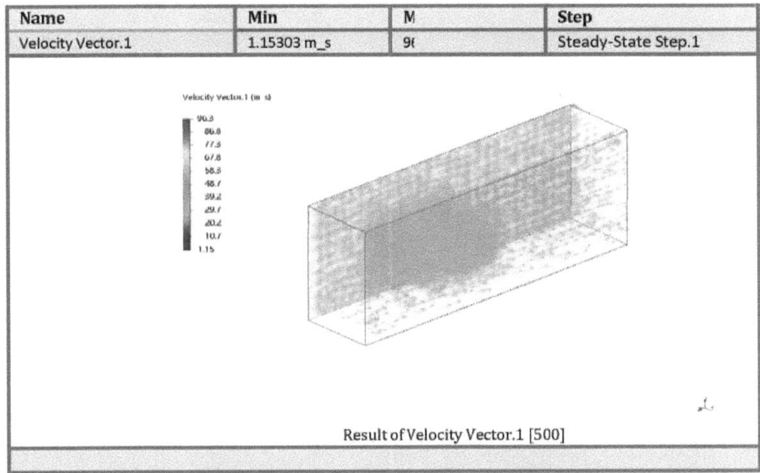

Name	Min	M	Step
Velocity Vector.1	1.15303 m_s	9(	Steady-State Step.1

Fig. 8.2. *Análise vetorial da velocidade*

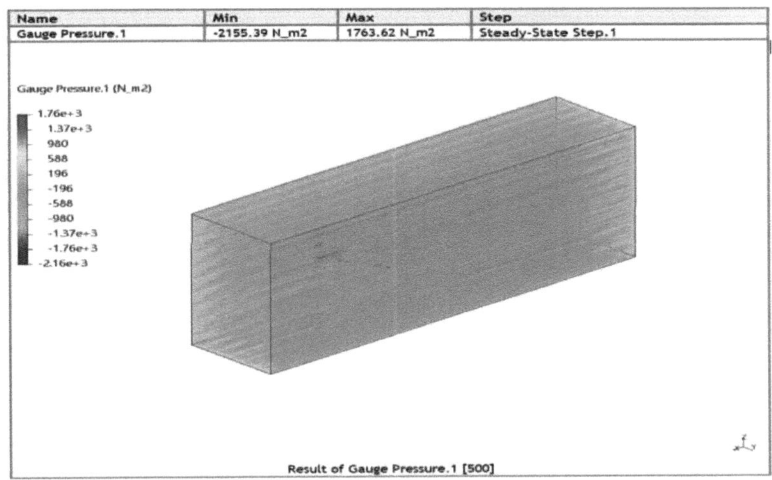

Name	Min	Max	Step
Gauge Pressure.1	-2155.39 N_m2	1763.62 N_m2	Steady-State Step.1

Fig. 8.3. *Análise da pressão manométrica*

Name	Min	Max	Step
Absolute Pressure.	0 N_m2	1030	Steady-State Step.1

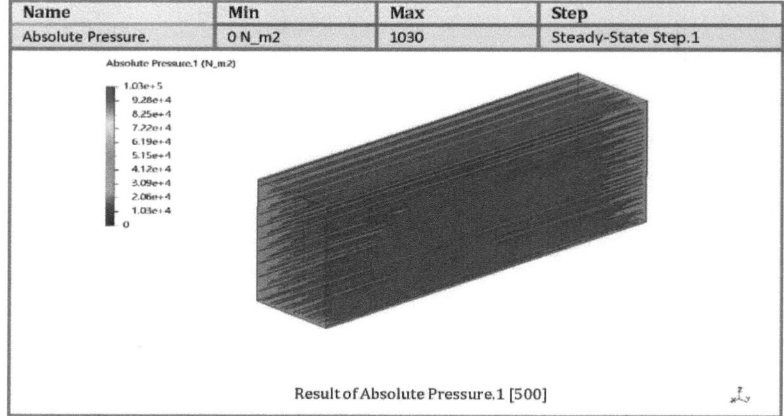

Fig 8.4. *pressão absoluta*

Name	Min	Max	Step
Temperature.1	0 Kdeg	301.612 Kdeg	Steady-State Step.1

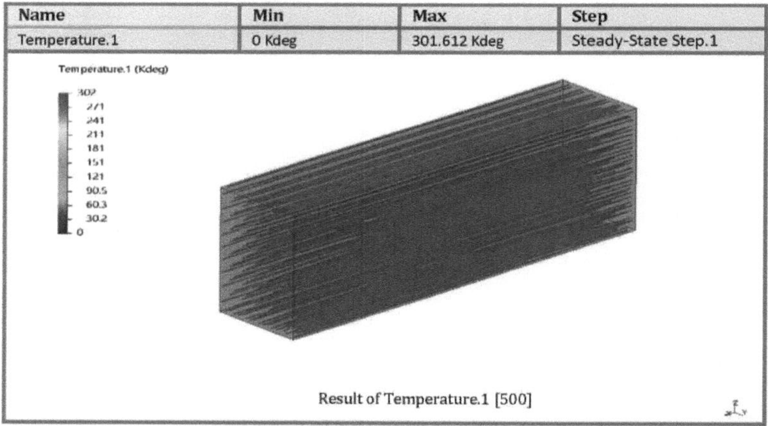

Fig. 8.5. *Análise da temperatura*

Name	Min	Max	Step
Undeformed Model	------	------	Steady-State Step.1

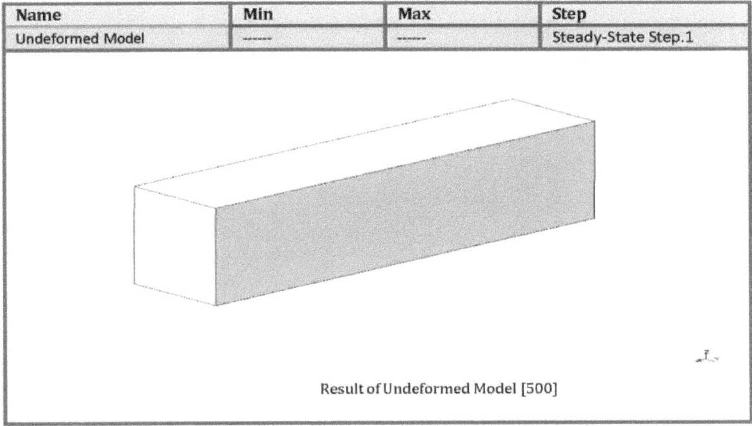

Fig. 8.6. *Modelo não deformado*

Name	Min	Max	Step
Bad Elements Indicator.1	------	------	Steady-State Step.1

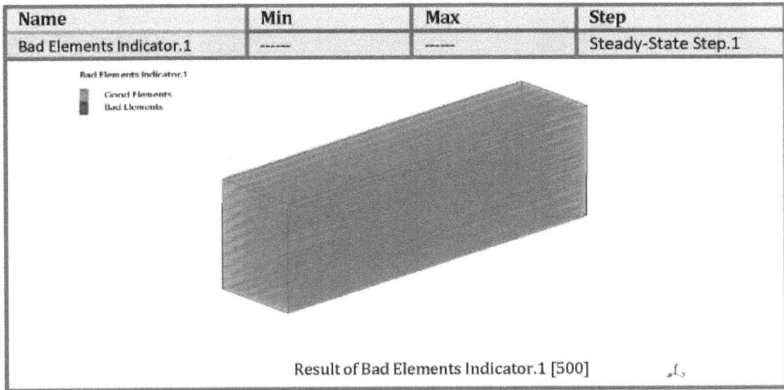

Fig. 8.7. *Indicador de maus elementos*

Material Properties

Properties		Components [Support]
Air Material Options Value		student project A.1 [Region.1]
Density	Temperature / Field Variable data	
Density=1.225 kg_m3	n/a	
Viscosity (Newtonian)	Temperature / Field Variable data	
Viscosity=1.789e-005 Nxsec_m2	n/a	
Specific Heat (Pressure)	Temperature / Field Variable data	
Specific Heat=1.007 kJ_kg_Kdeg	n/a	
Isotropic Conductivity data	Temperature / Field Variable data	
Thermal Conductivity=0.026 W_m_Kdeg	n/a	

Tabela 8.1. *Propriedades dos materiais*

Mesh Properties

	Finite Element Model00014643 A.1		
Number of Nodes	92062		
Number of Elements	112220		
Element Type	**Connectivity**	**Statistics**	
	WE6	30476 (27.16%)	
	TE4	3842 (3.42%)	
	PY5	8239 (7.34%)	
	HE8	69663 (62.08%)	
Element Quality	**Mesh Criterion**	**Good**	**Average**
	Aspect ratio	72171 (64.31%)	5.111
	Distortion (deg)	69505 (99.77%)	13.820
	Maximal angle (deg)	3841 (99.97%)	115.970
	Minimal angle (deg)	3812 (99.22%)	35.255
	Skewness	3754 (97.71%)	0.371
	Stretch	3625 (94.35%)	0.527

Tabela 8.2. *Propriedades da malha*

8.2.2 REPRESENTAÇÃO GRÁFICA DA ELEVAÇÃO E DO ARRASTAMENTO

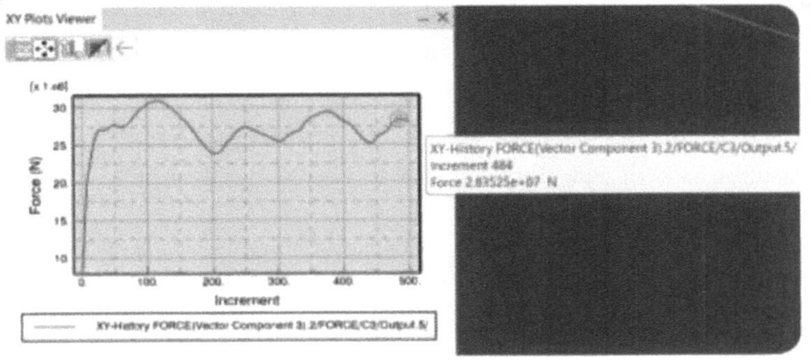

Gráfico 8.1. *Elevação*

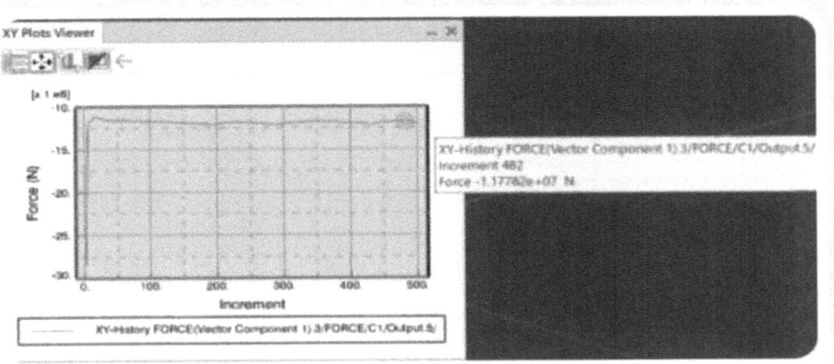

Gráfico 8.2. *arrastar*

8.2.3 ANÁLISE 3D DO FLUXO DE ÁGUA

O ensaio de fluxo de água no software 3D Experience constitui uma fase crucial no desenvolvimento de aeronaves anfíbias, particularmente na avaliação do seu desempenho hidrodinâmico. Esta sofisticada metodologia de ensaio fornece aos engenheiros informações valiosas sobre as complexas interações entre a aeronave e as superfícies de água, facilitando a otimização dos parâmetros de conceção para uma maior eficiência e funcionalidade.

Simulação abrangente das interações da água:

Através do software 3D Experience, os engenheiros podem simular uma vasta gama de interações na água, incluindo aterragens, descolagens, rolagem e manobras na água. Estas simulações retratam com precisão o comportamento do casco e das superfícies de controlo da aeronave em resposta a condições de água variáveis, como a altura das ondas, a corrente e a turbulência.

Avaliação das forças de arrasto e da eficiência hidrodinâmica:

Os ensaios de fluxo de água permitem que os engenheiros analisem as forças de arrasto exercidas no casco da aeronave durante as operações na água. Ao quantificar os coeficientes de arrasto e a resistência hidrodinâmica, os engenheiros podem identificar áreas de ineficiência e implementar optimizações de conceção para minimizar o arrasto e melhorar o desempenho hidrodinâmico global.

Otimização das concepções do casco e das superfícies de contacto com a água:

O software 3D Experience facilita a otimização dos desenhos do casco e das superfícies de contacto com a água para maximizar a eficiência hidrodinâmica. Os engenheiros podem refinar iterativamente a forma, o contorno e a textura da superfície do casco da aeronave, dos pontões e dos esquis aquáticos para minimizar o arrasto, reduzir a resistência à água e aumentar a estabilidade durante as operações na água.

Aperfeiçoamento das caraterísticas de aterragem e descolagem na água:

Os ensaios de fluxo de água permitem o aperfeiçoamento das caraterísticas de aterragem e descolagem na água, assegurando transições suaves e controladas entre operações no ar e na água. Os engenheiros podem analisar factores como a velocidade de aterragem, o ângulo de ataque, as forças de impacto da água e os padrões de pulverização para otimizar os procedimentos de aterragem e descolagem para segurança e eficiência.

Orientando as melhorias de design e o refinamento iterativo:

Os conhecimentos obtidos com os ensaios de fluxo de água servem de orientação valiosa para a melhoria da conceção e o aperfeiçoamento iterativo das aeronaves anfíbias. Os engenheiros podem identificar falhas de conceção, validar as alterações de conceção e otimizar os parâmetros de desempenho para garantir uma integração perfeita das capacidades aquáticas na conceção geral da aeronave.

Em conclusão, o teste de fluxo de água no software 3D Experience representa uma abordagem sofisticada para avaliar e otimizar o desempenho hidrodinâmico dos projectos de aeronaves anfíbias. Aproveitando os recursos avançados de simulação, os engenheiros podem refinar os projetos de casco, minimizar as forças de arrasto e melhorar as caraterísticas de pouso/decolagem na água, levando ao desenvolvimento de aeronaves anfíbias altamente eficientes e funcionais, capazes de operar sem problemas em ambientes aéreos e aquáticos.

Name	Min	Max	Step
Velocity.1	0 m_s	80.0966 m_s	Steady-State Step.1

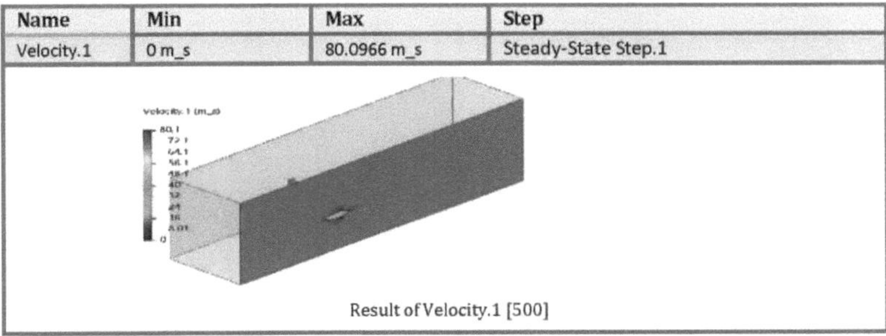

Fig. 8.8. *Análise da velocidade*

Name	Min	Max	Step
Velocity Vector.1	0.386909 m_s	80.6211 m_s	Steady-State Step.1

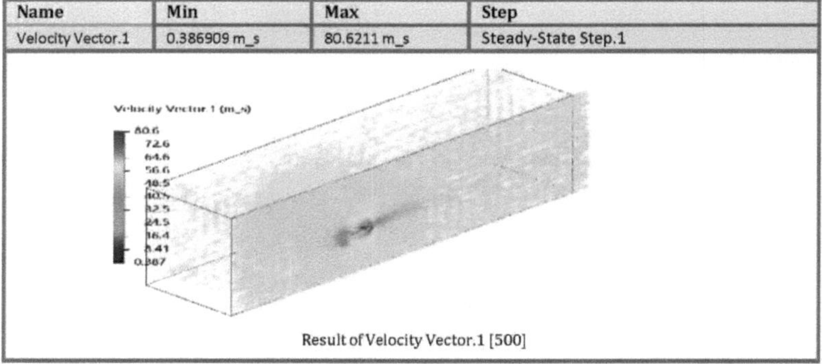

Fig. 8.9. *Análise do vetor de velocidade*

Name	Min	Max	Step
Gauge Pressu	-1.91259e+6 N	1.43557	Steady-State Step.1

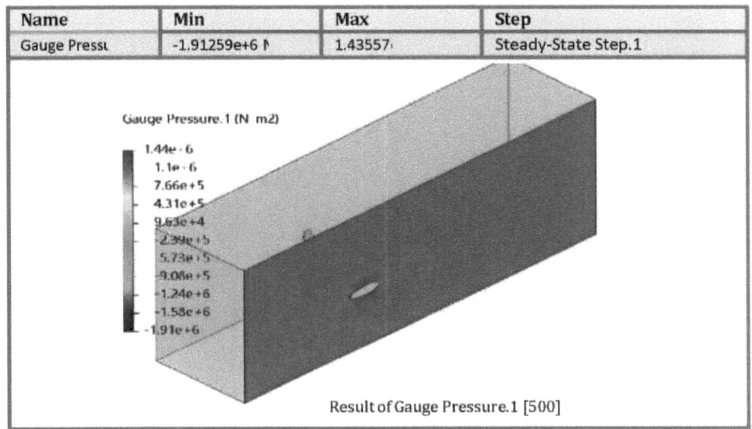

Fig. 8.10. Análise da pressão manométrica

Name	Min	Max	Step
Absolute Pressure.1	-1.81127e+6 N_m2	1.53689e	Steady-State Step.1

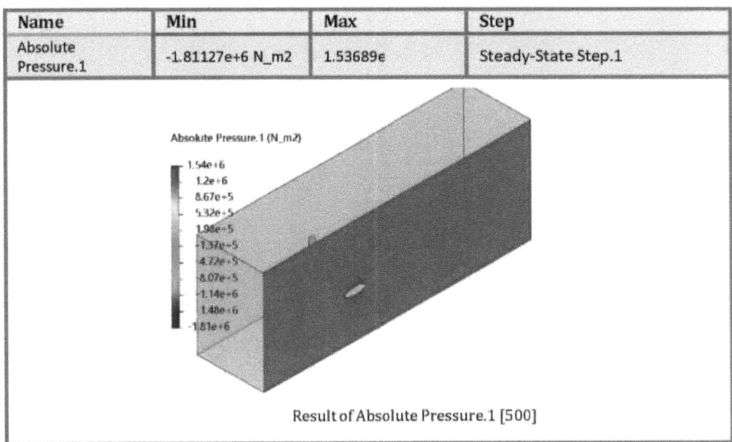

Fig. 8.11. Análise da pressão absoluta

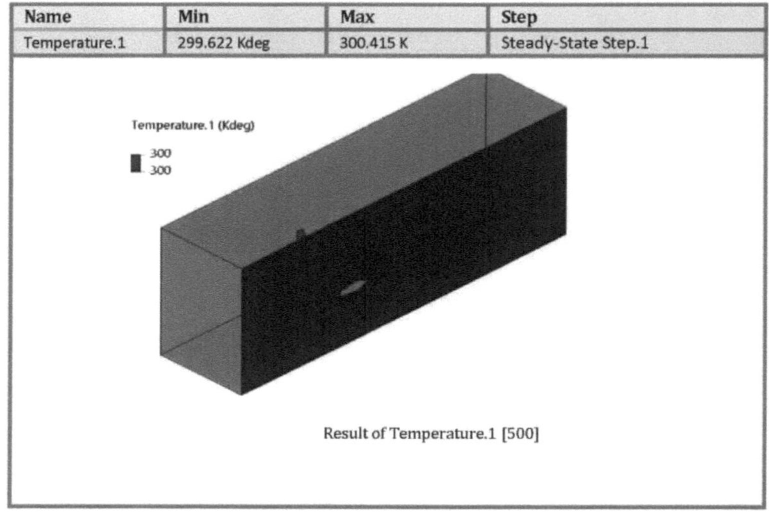

Name	Min	Max	Step
Temperature.1	299.622 Kdeg	300.415 K	Steady-State Step.1

Fig. 8.12. *Temperatura*

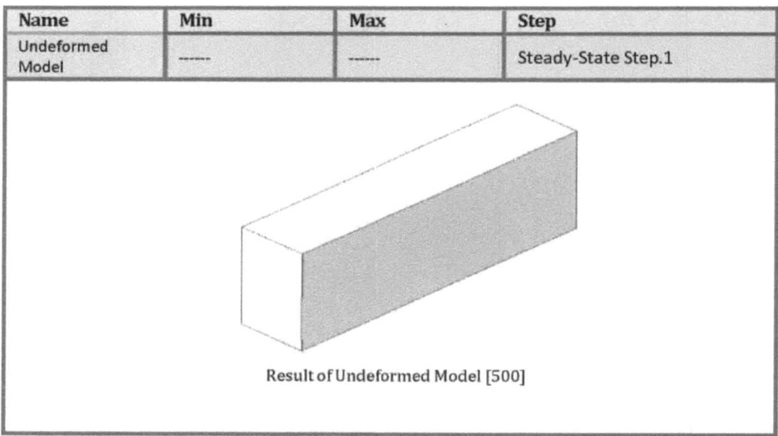

Name	Min	Max	Step
Undeformed Model	------	------	Steady-State Step.1

Fig. 8.13. *Análise do modelo não deformado*

Name	Min	Max	Step
Bad Elemei Indicator.1	0	1	Steady-State Step.1

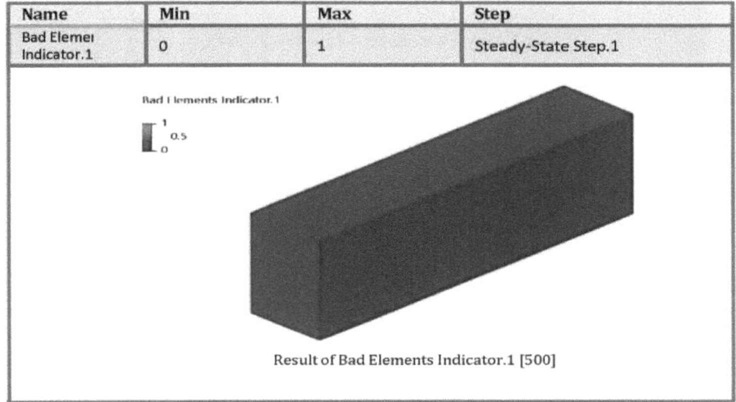

Fig. 8.14. *Análise do indicador de maus elementos*

Material Properties

Properties		Components [Support]
Water Material Options Value		student project A.1 [Region.1]
Density	**Temperature / Field Variable data**	
Density=998 kg_m3	n/a	
Viscosity (Newtonian)	**Temperature / Field Variable data**	
Viscosity=0.001 Nxsec_m2	n/a	
Specific Heat (Pressure)	**Temperature / Field Variable data**	
Specific Heat=4.184 kJ_kg_Kdeg	n/a	
Isotropic Conductivity data	**Temperature / Field Variable data**	
Thermal Conductivity=0.598 W_m_Kdeg	n/a	

Tabela 8.3. *Conceção dos materiais*

Mesh Properties

![]	Finite Element Model00014643 A.1		
Number of Nodes	92062		
Number of Elements	112220		
Element Type	Connectivity	Statistics	
	WE6	30476 (27.16%)	
	TE4	3842 (3.42%)	
	PY5	8239 (7.34%)	
	HE8	69663 (62.08%)	
Element Quality	Mesh Criterion	Good	Average
	Aspect ratio	72171 (64.31%)	5.111
	Distortion (deg)	69505 (99.77%)	13.820
	Maximal angle (deg)	3841 (99.97%)	115.970
	Minimal angle (deg)	3812 (99.22%)	35.255
	Skewness	3754 (97.71%)	0.371
	Stretch	3625 (94.35%)	0.527

Tabela 8.4. *Propriedades da malha*

8.3 RESUMO

O resumo da fase de análise na conceção e desenvolvimento de uma asa voadora anfíbia realça a importância de uma abordagem abrangente e multidisciplinar. Ao combinar análises aerodinâmicas, estruturais, hidrodinâmicas e de controlo, os projectistas podem criar uma aeronave completa que satisfaça as exigências únicas das operações anfíbias. Esta análise pormenorizada fornece uma base sólida para o desenvolvimento do protótipo e para outros ensaios, conduzindo, em última análise, a uma asa voadora anfíbia segura e bem sucedida.

CAPÍTULO 9 . SELECÇÃO DE MATERIAIS

9.1 INTRODUÇÃO

A seleção de materiais é uma etapa crítica na conceção e análise de uma asa voadora anfíbia, influenciando o desempenho, o peso, a durabilidade e a segurança da aeronave. Dadas as exigências únicas de uma aeronave anfíbia, os materiais devem ser leves para garantir um voo eficiente e, ao mesmo tempo, suficientemente robustos para suportar as tensões adicionais das operações na água. A escolha dos materiais afecta todos os aspectos do projeto, desde a integridade estrutural às propriedades hidrodinâmicas e à resistência à corrosão. Esta fase do processo de conceção procura encontrar o equilíbrio ideal entre estes factores para criar uma asa voadora anfíbia versátil e fiável.

9.2 FILAMENTOS ABS

A seleção de materiais é um aspeto crítico do design de aeronaves, influenciando a integridade estrutural, o peso, a durabilidade e o desempenho. A escolha do filamento **ABS (Acrilonitrilo Butadieno Estireno)** para os componentes do protótipo de asa voadora anfíbia oferece vantagens específicas, incluindo força, resistência ao impacto e facilidade de fabrico. Esta secção analisa a lógica subjacente à escolha do filamento ABS e as suas implicações para a conceção e o desempenho da aeronave.

9.2.1 Vantagens do filamento ABS:

1. Resistência e durabilidade: O filamento ABS é conhecido pela sua robustez e durabilidade, o que o torna adequado para componentes sujeitos a tensões mecânicas e factores ambientais.

2. Resistência ao impacto: A capacidade do material para resistir ao impacto e às propriedades de absorção de choques aumenta a resistência da aeronave durante as aterragens, descolagens e potenciais cenários de manuseamento brusco.

3. Facilidade de fabrico: O filamento ABS é compatível com técnicas de fabrico aditivo, como a impressão 3D, permitindo a produção rápida e económica de componentes complexos com geometrias intrincadas.

9.2.2 Implicações para o projeto de aeronaves: 1. Considerações sobre o peso: Embora o filamento ABS ofereça resistência, a sua densidade pode afetar o peso

total. Considerações de conceção deve equilibrar a integridade estrutural com as restrições de peso para um desempenho ótimo.

2. Compatibilidade com o fabrico aditivo: A utilização do filamento ABS alinha-se com os processos de fabrico aditivo, facilitando a criação de protótipos, a personalização e as melhorias iterativas do design.

3. Compatibilidade de materiais: A compatibilidade do filamento ABS com adesivos, revestimentos e técnicas de acabamento permite uma integração perfeita na estrutura geral e na estética da aeronave.

Properties	ABS	PLA	PETG
Impact strength	200-215 J/m	26 J/m	101 J/m
UV resistance	Average	Average	Better than average
Density	1.03-1.14 g/mL	1.24 g/mL	1.27 g/mL
Thermal conductivity	0.17- 0.23 W/mK	0.111 W/mK	0.21 W/mK
Elongation at break	10-50%	7%	130%
Yield strength	2.96-48 MPa	70 MPa	50 MPa
Flexural strength	2400 MPa	106 MPa	70 MPa
Hardness shore D	100	88	106
Tensile strength	2.96-43 MPa	59 MPa	53 MPa
Specific heat capacity	1.60-2.13 kJ/(kg·K)	1.590 kJ/(kg·K)	1.30 kJ/(kg·K)
Young modulus	1.79-3.2 GPa	3.5 GPa	2.1 GPa

Tabela 9.1 Propriedades do filamento ABS

Fig 9.1. *Filamento ABS*

9.3 RESUMO

Em resumo, a seleção do filamento ABS para os componentes do protótipo da asa voadora anfíbia é motivada pelos seus pontos fortes inerentes em termos de durabilidade, resistência ao impacto e capacidade de fabrico. Estas caraterísticas alinham-se com os requisitos da aeronave para elementos estruturais robustos que possam suportar tensões operacionais e condições ambientais. Embora o filamento ABS ofereça vantagens em termos de resistência e facilidade de fabrico, é necessária uma análise cuidadosa para gerir as implicações de peso e garantir a compatibilidade com outros materiais e processos de fabrico. Globalmente, a escolha do filamento ABS contribui para o desenvolvimento de um projeto de aeronave fiável, funcional e rentável.

CAPÍTULO 10 . IMPRESSÃO 3D

10.1 INTRODUÇÃO

A impressão 3D revoluciona o fabrico de aeronaves, oferecendo uma produção precisa, personalizável e económica de componentes complexos. A utilização de capacidades de alta temperatura, especificamente na gama de 210 a 250^{0}C, expande as possibilidades de seleção de materiais, permitindo o fabrico de peças duráveis e resistentes ao calor para o protótipo de asa voadora anfíbia. Esta secção explora os benefícios e as implicações da utilização da impressão 3D nesta gama de temperaturas para o fabrico de aeronaves.

10.2 IMPRESSÃO DE MATERIAIS

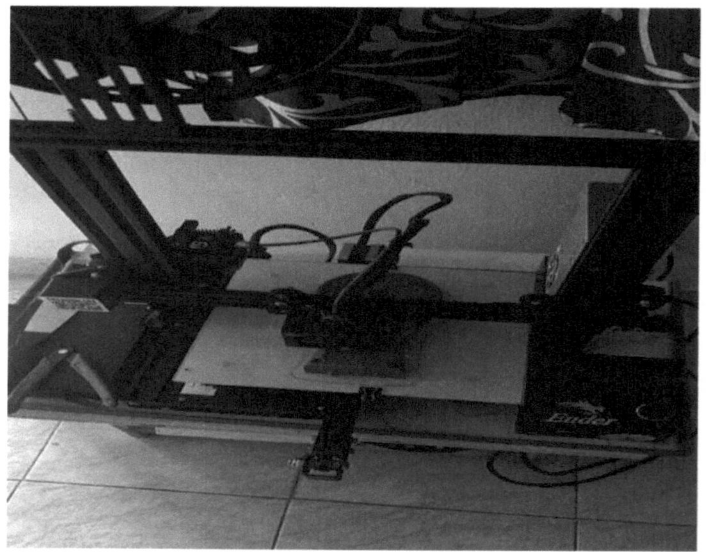

Fig. 10.1. *Impressão 3D*

10.2.1 VANTAGENS DA IMPRESSÃO 3D A ALTA TEMPERATURA:

1. Versatilidade de materiais: A impressão 3D a alta temperatura permite a utilização de uma vasta gama de materiais avançados, incluindo termoplásticos, compósitos e polímeros de grau de engenharia, que oferecem uma força superior, resistência ao calor e durabilidade.

2. Precisão e personalização: A impressão 3D permite a criação de componentes intrincados e personalizados com dimensões precisas e geometrias complexas, adaptados aos requisitos específicos do projeto da aeronave.

3. Custo-eficácia: O processo de fabrico aditivo reduz o desperdício de material e o tempo de produção, conduzindo a poupanças de custos na criação de protótipos, ferramentas e produção de pequenos lotes de componentes de aeronaves.

10.2.2 IMPLICAÇÕES PARA O FABRICO DE AERONAVES:

1. Componentes resistentes ao calor: A utilização da impressão 3D de alta temperatura permite o fabrico de componentes resistentes ao calor, como peças de motor, condutas de escape e materiais de isolamento térmico, cruciais para manter a integridade operacional e a segurança em ambientes de alta temperatura.

2. *Desempenho melhorado: Os componentes fabricados com impressão 3D a alta temperatura apresentam caraterísticas de desempenho melhoradas, incluindo resistência à deformação térmica, corrosão química e tensão mecânica, aumentando a fiabilidade global e a longevidade da aeronave.

3. Integração com tecnologias avançadas: A impressão 3D a alta temperatura alinha-se com os avanços nas tecnologias de fabrico de aditivos, incluindo a sinterização selectiva a laser (SLS)

e modelação por deposição fundida (FDM), permitindo a produção eficiente de componentes de aeronaves de alta qualidade com requisitos mínimos de pós-processamento.

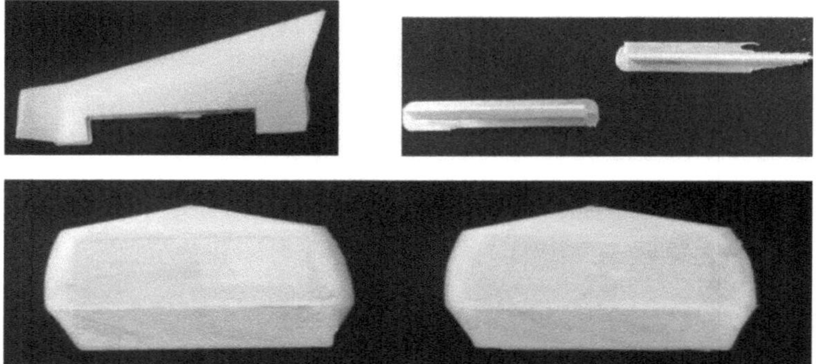

Fig. 10.2. *Materiais fabricados*

10.3 RESUMO

Em suma, o aproveitamento das capacidades de impressão 3D a alta temperatura (210 a 250⁰ C) oferece vantagens significativas para o fabrico de aeronaves, incluindo a versatilidade dos materiais, a personalização de precisão e a relação custo-eficácia. Esta tecnologia permite o fabrico de componentes resistentes ao calor com caraterísticas de desempenho superiores, aumentando a fiabilidade, a durabilidade e a eficiência operacional do protótipo de asa voadora anfíbia. Ao integrar a impressão 3D a alta temperatura no processo de fabrico, os engenheiros podem alcançar uma flexibilidade de design sem paralelo, simplificar os fluxos de trabalho de produção e impulsionar a inovação na engenharia aeroespacial.

CAPÍTULO 11 . ANÁLISE FÍSICA

11.1 INTRODUÇÃO

Os ensaios físicos em linha com um túnel de vento fornecem informações em tempo real sobre o desempenho aerodinâmico dos projectos de aeronaves, incluindo o protótipo de asa voadora anfíbia. Este método de ensaio avançado oferece dados valiosos sobre a sustentação, a resistência, os padrões de fluxo de ar e as caraterísticas de estabilidade, ajudando a aperfeiçoar e otimizar o projeto da aeronave. Esta secção explora a importância e as vantagens da realização de ensaios físicos em linha com um túnel de vento para o desenvolvimento de aeronaves.

11.2 TESTAR O MODELO DE ASA VOADORA

11.2.1 VANTAGENS DOS TESTES FÍSICOS EM LINHA COM VENTO
TÚNEL:

1. Aquisição de dados em tempo real: Os testes físicos online permitem aos engenheiros recolher dados em tempo real sobre as forças aerodinâmicas e as caraterísticas do fluxo de ar, fornecendo feedback imediato para ajustes e optimizações do design.

2. Validação de modelos computacionais: Os ensaios físicos servem para validar os modelos computacionais e as simulações, garantindo a precisão e a fiabilidade da previsão do desempenho das aeronaves em várias condições de funcionamento.

3. Identificação de melhorias no projeto: Ao analisar as forças aerodinâmicas e os padrões de fluxo, os engenheiros podem identificar áreas de melhoria na conceção da aeronave, levando a um melhor desempenho, estabilidade e eficiência.

4. Mitigação de riscos: Os ensaios físicos ajudam a identificar potenciais problemas aerodinâmicos ou instabilidades numa fase inicial do processo de conceção, reduzindo o risco de reformulações dispendiosas ou de deficiências de desempenho na aeronave final.

11.2.2 IMPLICAÇÕES PARA O DESENVOLVIMENTO DE AERONAVES:

1. Refinamento de perfis aerodinâmicos: Os ensaios físicos em linha permitem aos

engenheiros aperfeiçoar os perfis aerodinâmicos das asas, da fuselagem e das superfícies de controlo da aeronave, optimizando as relações de sustentação/deslocamento e as caraterísticas globais de desempenho.

2. Validação dos sistemas de controlo de voo: Os ensaios em túnel de vento permitem a validação dos sistemas de controlo de voo, incluindo ailerons, elevadores e lemes, assegurando um controlo preciso e reativo da aeronave durante as manobras de voo.

3. Avaliação da estabilidade e da manobrabilidade: Ao analisar os derivados de estabilidade e as caraterísticas de estabilidade aerodinâmica, os engenheiros podem avaliar as qualidades de manobrabilidade da aeronave e a capacidade de reação aos comandos do piloto, informando as modificações de conceção necessárias.

4. Tomada de decisões com base em dados: Os dados recolhidos a partir de ensaios físicos em linha servem de base para a tomada de decisões baseadas em dados no desenvolvimento de aeronaves, orientando as iterações de conceção, as melhorias de desempenho e a validação dos requisitos de conceção.

Fig. 11.1. *Configuração do túnel de vento*

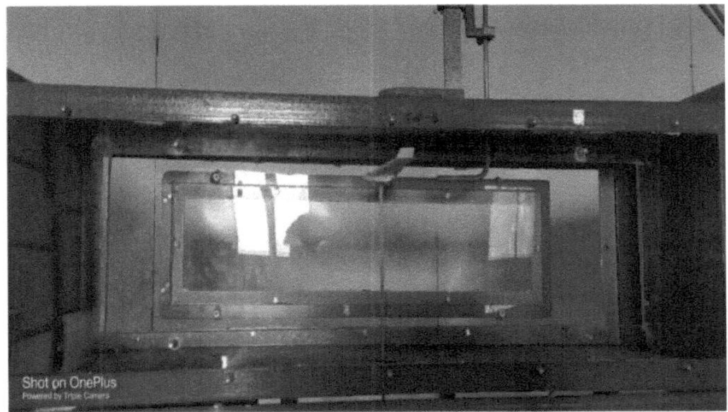
Fig. 11.2. *Configuração do modelo no interior do túnel de vento*

Fig. 11.3. *Teste do modelo*

11.3 RESUMO

Em resumo, os ensaios físicos em linha com um túnel de vento oferecem uma perspetiva sem paralelo do desempenho e do comportamento aerodinâmico dos projectos de aeronaves, como o protótipo da asa voadora anfíbia. Ao fornecer dados em tempo real sobre forças aerodinâmicas, padrões de fluxo de ar e caraterísticas de estabilidade, este método de ensaio facilita o aperfeiçoamento e a otimização do projeto da aeronave, conduzindo a um melhor desempenho, eficiência e segurança. Através da validação de modelos computacionais, da identificação de melhorias na conceção e da avaliação dos sistemas de controlo de voo, os ensaios físicos em linha com um túnel de vento desempenham um papel crucial na orientação da tomada de decisões baseada em dados e na redução dos riscos no desenvolvimento de aeronaves.

CAPÍTULO 12 . RESULTADO E DISCUSSÃO

12.1 ANÁLISE DIGITAL

FLUXO AERODINÂMICO

Tabela 12.1. *Fluxo aerodinâmico*

NAME	MINIMUM	MAXIMUM
Velocity	0 m/s	77.8217 m/s
Velocity vector	1.153033 m/s	96.3443 m/s
Gauge pressure	-2155.39 N/m^2	1763.62 N/m^2
Absolute pressure	0 N/m^2	103089 N/m^2
Temperature	0 k deg	301.612 K deg
Undeformed model	--	--

FLUXO HIDRONÂMICO

Tabela 12.2. *Fluxo hidrodinâmico*

NAME	MINIMUM	MAXIMUM
Velocity	0 m/s	80.0966 m/s
Velocity vector	0.386909 m/s	80.6211 m/s
Gauge pressure	-1.912529e^{+6} N/m	1.43557e^{+6} N/m^2
Absolute pressure	-1.81127e^6 N/m^2	1.53689e^6 N/m
Temperature	299.622 K deg	300.415 K deg

12.2 ANÁLISE FÍSICA

Tabela 12.3. *Análise física*

RPM	LIFT	DRAG	SIDE FORCE(MOMENT)
287	8.532	3.045	0.04415
320	9.829	4.896	0.05134
435	10.023	5.391	0.07090

CAPÍTULO 13 . CONCLUSÃO

Em conclusão, o desenvolvimento de uma asa voadora anfíbia eficiente, forte e económica é um objetivo exequível. Ao utilizar materiais de ponta, como compósitos leves e técnicas de fabrico avançadas, a integridade estrutural da aeronave pode ser mantida sem comprometer o desempenho. Além disso, a aplicação de procedimentos de ensaio rigorosos ao longo das fases de conceção e fabrico garantirá a fiabilidade e a segurança em várias condições de funcionamento.

Além disso, uma abordagem estratégica à gestão de custos, incluindo uma gestão eficiente da cadeia de fornecimento e processos de fabrico optimizados, ajudará a minimizar as despesas sem sacrificar a qualidade. Este equilíbrio entre desempenho, resistência, eficiência de custos e fiabilidade é essencial para o sucesso e a sustentabilidade do projeto.

Em resumo, ao aderir a estes princípios e ao integrar soluções inovadoras, este projeto tem o potencial de fornecer uma aeronave inovadora que satisfaz as exigências das aplicações comerciais e militares, abrindo caminho para futuros avanços na aviação anfíbia.

REFERÊNCIAS

[1] H. Kondoa e T. Ura, "Navigation of an AUV for investigation of underwater structures," Control Engineering Practice, vol. 12, p.1551C1559, 2004

[2] W.H. Wang, "A Low-Cost Unmanned Underwater Vehicle Prototype for Shallow Water Tasks" (Protótipo de veículo subaquático não tripulado de baixo custo para tarefas em águas rasas). outubro de 2008. Editora: IEEE

[3] Parag Salunkhe, "Conceção estrutural de um drone subaquático utilizando um motor DC sem escovas". maio de 2023. Editora: IJRASET

[4] Rishabh Dagur, "Design of Flying Wing UAV and Effect of Winglets on its Performance" (Conceção de um UAV com asas voadoras e efeito das asas no seu desempenho). março de 2018, Editora: IJETAE

[5] Richard Zimmerman, "Underwater acoustic measurements with a flying wing glider" (Medições acústicas subaquáticas com um planador de asa voadora). maio de 2007, Editora: O jornal da Sociedade Acústica da América

[6] Jiang HaoWu, "Unsteady aerodynamic forces of a flapping wing". maio de 2004. Editora: Jornal de biologia experimental

[7] Blaine A. Levedahl, "Control of Underwater Vehicles in Full Unsteady Flow" (Controlo de veículos subaquáticos em fluxo totalmente instável). outubro de 2009. Editora: IEEE

[8] Ashraf Kamal, "Ensaio de voo de um UAV de asa voadora". JAN 2023. Editora: ARC

[9] Sai Dinesh, "Conceção e análise de um UAV anfíbio de asa voadora". novembro de 2020.
Editora: IJERT

More
Books!

info@omniscriptum.com
www.omniscriptum.com
OMNIScriptum

Printed by Books on Demand GmbH, Norderstedt / Germany